TANSUO★FAXIAN

探索发现大百科

畅游海洋世界

北京典开科技有限公司◎主编

吉林科学技术出版社

图书在版编目（CIP）数据

畅游海洋世界 / 北京典开科技有限公司主编. -- 长春 : 吉林科学技术出版社, 2020.10
（探索发现大百科）
ISBN 978-7-5578-6744-7

Ⅰ. ①畅… Ⅱ. ①北… Ⅲ. ①海洋—少儿读物 Ⅳ. ①P7-49

中国版本图书馆CIP数据核字(2019)第295041号

探索发现大百科·畅游海洋世界

TANSUO FAXIAN DABAIKE · CHANGYOU HAIYANG SHIJIE

主　　编　北京典开科技有限公司
出 版 人　宛　霞
责任编辑　李思言　张延明
封面设计　长春美印图文设计有限公司
制　　版　长春美印图文设计有限公司
幅面尺寸　185 mm×260 mm
开　　本　16
印　　张　3
字　　数　50千字
页　　数　48
印　　数　6 001-9 000册
版　　次　2020年10月第1版
印　　次　2024年10月第2次印刷

出　　版　吉林科学技术出版社
发　　行　吉林科学技术出版社
地　　址　长春净月高新区福祉大路5788号出版大厦A座
邮　　编　130118
发行部传真 / 电话　0431-81629529　81629530　81629231
　　　　　81629532　81629533　81629534
储运部电话　0431-86059116
编辑部电话　0431-81629517
印　　刷　三河市天润建兴印务有限公司

书　　号　ISBN 978-7-5578-6744-7
定　　价　19.80元

前　言

好奇是人类的天性，求知是人类的本能，也是人类探索学习的原动力。这个世界多姿多彩，尤其是孩子们在成长过程中，永远对周围世界充满好奇：无论是神秘莫测的古代遗址，还是波澜壮阔的海洋世界，抑或广袤无垠的宇宙……对他们来说，有太多太多的未知事物和神秘现象需要探索、发现和了解。

随着孩子们年龄的增长，他们会越来越喜欢探索活动，想在生活中寻找问题的答案。孩子们在参加探索活动的过程中，不仅会体验到探索的乐趣，而且自身的思维能力、创造力都将得到发展。

为了让孩子们更好地认识我们生活的这个世界，激发孩子们的想象力，培养孩子们独立思考和解决问题的能力，我们推出了这套“探索发现大百科”系列图书。本套书共分三册，从孩子最感兴趣的古代遗址、海洋世界、太阳系三个方面进行讲述。书中精美的图片呈现出波澜壮阔的场景，让孩子仿佛身临其境。有时候，一个孩子从普通人到探索家、科学家，只差一套适合他们的图书。

《探寻古代遗址》是从引人入胜的名胜古迹开始进行的探险之旅。几百万年前的地球上出现了早期的人类，其繁衍进化至今，在历史的长河中创造出了复杂的社会架构。今天，我们一起追溯人类历史发展的脚步，看看他们在历史上都创造了哪些伟大的奇迹吧！

《畅游海洋世界》让小读者深入海洋，与海洋来一次亲密的接触，一起认识地球生命之源，揭开海洋的神秘面纱，了解千奇百怪的海洋生物，进行激动人心的海洋探险……

《遨游太阳系》带小读者来到宇宙中神秘的太阳系，开始一段奇幻的科学旅程。随着天文学家的脚步，去探索太阳系的奥秘，做一个快速又简洁的“太阳系漫游梦”。

探索与发现，是求知者、好奇者和勇敢者的游戏。本套图书设计精美，内容科学，集知识性和趣味性于一体。快让我们一起去见识人类的伟大，领略海洋的浩瀚，探索太阳系的神奇吧！

目 录

地球的形成——我们共同的家

地球诞生于 46 亿年前，最初围绕着太阳旋转的尘埃和岩石开始凝聚在一起，然后在这不断发展的过程中吸附了富含铁的陨石，这些陨石碰撞地球逐渐熔化，热量不断聚集，最终岩石与金属熔化，较重的金属随后沉入地球中心，形成一个炽热的金属核，外面被厚厚的岩石质地幔和冷却的外壳包裹着。

早期的海洋与今天我们所见的海洋是完全不同的。原始的海洋，海水不是咸的，而是酸性的液体，水温能够达到100℃。经过亿万年的变化，才变成了大体均匀的淡水。这些水不断蒸发，降落到地面上来，并把陆地上岩石中的大量盐分带到原始海洋中去，年复一年，日复一日，海洋中的淡水就变成了盐水。经过亿万年的累积融合，才变成了如今这样含盐量大体均匀的海水。那么地球上的水是从哪里来的呢？

地球形成示意图

海洋最初可能覆盖了整个地球。随着时间的推移，火山喷发产生了较轻的岩石，这些岩石构成了大陆。陆块之间低洼的盆地被填满后就成为现在的海洋。

你知道吗？

地球的一半以上被海水覆盖着，海洋占地球总面积的71%。若将地球上的陆地与海洋都看作“平地”，海洋的水将这个“平地”覆盖起来，水深可达2 745米。

彗星送水说

宇宙物理学家认为，水只会存在于太阳系中较为寒冷的区域。比如，在火星和木星轨道之间有一个小行星带，这些小行星中，就有部分小行星有水存在。有可能在39亿年前，一部分光临过地球的彗星就是地球的“送水人”。

地球自带水说

传统的观点认为，水是地球形成时从星云物质中产生的，通过地球的不断演化从深部释放出来。在火山活动区和火山喷发时，都会有大量的气体出现，其中绝大部分是水汽。这正好印证了这个观点。

变化的海洋——孕育生命的摇篮

海洋从诞生之初，面貌就不断地更新，经历了许多变化。根据目前普遍认可的“大陆漂移说”理论，在今天的海洋和陆地形成以前，地球上的大陆是连为一体的，称为联合大陆或泛大陆。围绕它的，是一片统一的海洋。后来，由于受到各种力的作用，泛大陆破裂，向赤道做大规模水平漂移。在这漂移过程中，随着大陆的分开，海洋自然被隔断了，形成了今天的太平洋、大西洋、印度洋与北冰洋。海洋目前仍在不断地变化，只是我们能够感知的比较少。今天的海洋，是亿万年不断变化的结果。

一开始，人们普遍认为，海洋自出现后就不再发生变化。1910 年的一天，地理学家魏格纳望着世界地图，无意中发现一个十分奇怪的现象，美洲巴西那块突出的部分，与非洲喀麦隆凹陷进去的部分，就像被撕开的两块，它们可以自然吻合。一年以后，更多的研究表明，美洲、欧洲、非洲在地质结构、生物特点等方面有许多相似之处。于是，一个大胆的假说形成了……

大陆漂移过程图

地球上的大陆原本都是连在一块的，由于潮汐的摩擦力和地球自转的离心力，它分裂成几大块，然后向不同的地方漂移开来。美洲离非洲、欧洲而去，中间就形成了大西洋；印度次大陆与南极洲分离北上，与亚欧大陆撞接，喜马拉雅山脉便横空出世；亚洲西漂，在东岸留下碎片，成为今天的岛弧线…… 这个时候，七大洲、四大洋的基本格局由此形成。魏格纳于1915年编写了《海陆的起源》一书，正式宣告大陆漂移学说的诞生。

你知道吗?

《物种起源》中提到“相同的生物种一定起源于同一个地区”，魏格纳在研究“大陆漂移”时也参考了这个观点，并找到了有力的证据：在大西洋东岸有一种庭园蜗牛，行动迟缓，一天仅能爬百十米远，同样的蜗牛竟在大西洋西岸的北美洲也被发现了。倘若两岸不曾连在一起，蜗牛怎么可能从大西洋东岸跑到大西洋西岸呢？

除了大陆的漂移，地质变化同样也在影响着海洋。这些变化使有些海洋上升成为陆地，有些陆地下陷形成海洋，还有些海洋扩张成为新的海洋。例如现在的喜马拉雅山脉，在很久以前就是一片海洋，由于亚欧板块和印度板块挤压隆起，才变成了今天的样子。

潮汐

海水的定时涨落叫作涨潮与落潮，白天海水的涨落叫潮，夜晚海水的涨落叫汐，所以海水水位有规律的涨落叫作“潮汐”现象。海水之所以能有规律地涨落，是由于月亮与太阳对海水吸引造成的。海水是流动的液体，在引力的作用下，海洋会向吸引它的方向涌流，所以形成明显的涨落变化。

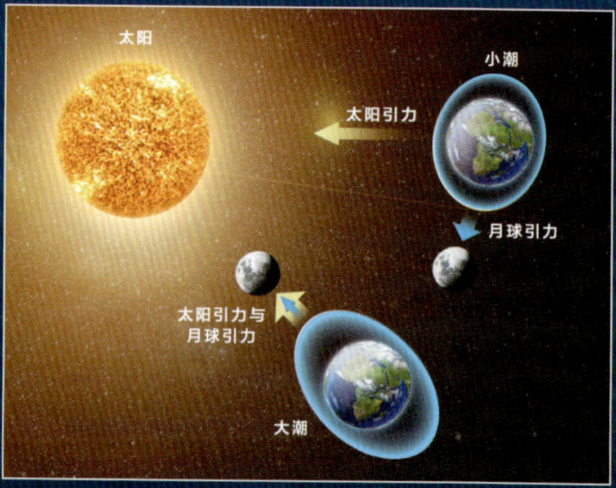

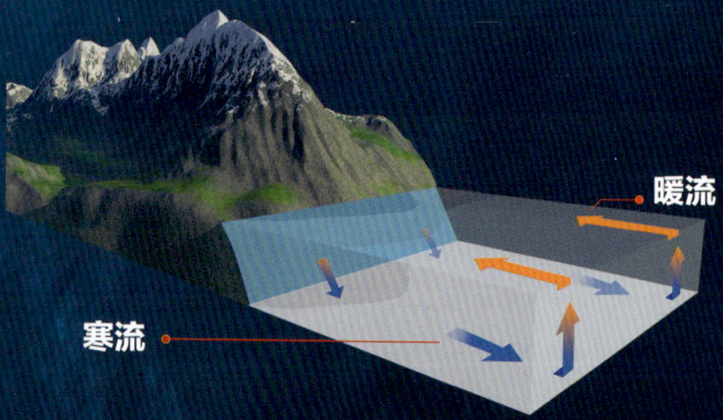

洋流

洋流分为暖流与寒流。暖流的水温比所到区域的温度高，对沿途气候有增温、增湿作用。而寒流的水温比所到区域的温度低，能使经过的地方气温下降，少雨。

墨西哥湾暖流

墨西哥湾暖流简称湾流，是世界大洋中最强大的一支暖流。墨西哥湾暖流规模十分巨大，它宽 100 多千米，深 700 米，总流量为 7 400 ~ 9 300 万立方米每秒，流动速度最快时每小时 9.5 千米。刚出海湾时，水温高达 27 ~ 28℃，它散发的热量相当于北大西洋所获得的太阳光热的 1/5。它像一条巨大的“暖水管”，携带着热量，加热了所有经过地区的空气，并在西风的吹送下，将热量传送到西欧和北欧沿海地区，正因如此，使该地区呈现暖湿的海洋性气候。

海浪

风吹过海洋时会在海洋表面形成波浪，风越大，时间越长，波浪也就越大。如果我们观察随波漂来的一块漂木，就会发现，漂木迎着前面的波浪移动、迁移、随浪升高，然后又跟着波浪移前少许便落下。波浪过后，漂木仍留在原位。事实上，每一滴水都会随着波浪做循环运动，先向前翻滚，接着又回到原位。

最常见的波浪，全都因风而起。但海啸则是由地震造成，海风吹过水面泛起涟漪，涟漪不断堆起，风力把它们越推越高，同时震荡越来越深。涌浪吸收了风的能量，又吸收了地震的能量，就会引发非常可怕的海啸。

气候的调节

地球上温度的变化主要由海洋来调节，海洋通过海水温度的升降和海流的循环，并通过与大气的相互作用影响地球气候的变化。主要受海洋影响的地区，气温的变化都比较和缓，年较差和日较差都比大陆性气候小。春季气温低于秋季气温。全年最高、最低气温出现时间比大陆性气候的时间晚。在热带海洋多风暴，如北太平洋西南部与中国南海是台风生成和影响强烈的地区。热带风暴（包括台风）是一种十分可怕的气象灾害。

海水温度的特点

陆地既不透明又不流动，它不能很好地传热和储存能量，所以在炎炎烈日下，地面就会变得非常炎热。而海洋则不同，它吸热能力非常强。但由于海洋面积太大，所以海水的温度也不会很高。到达地球的大部分太阳能被海洋吸收并存储起来，海洋就成了地球上巨大的热能仓库。

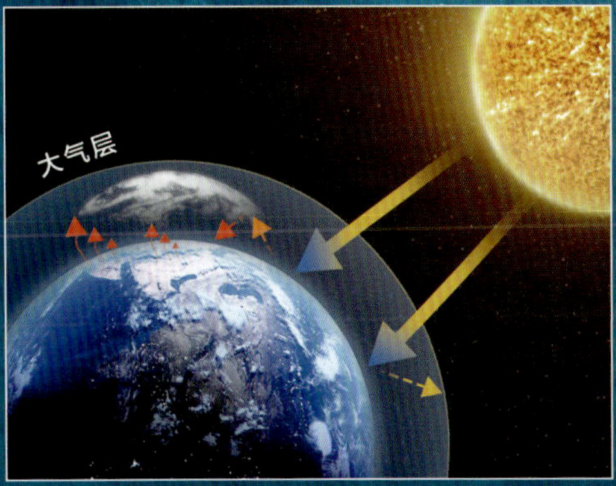

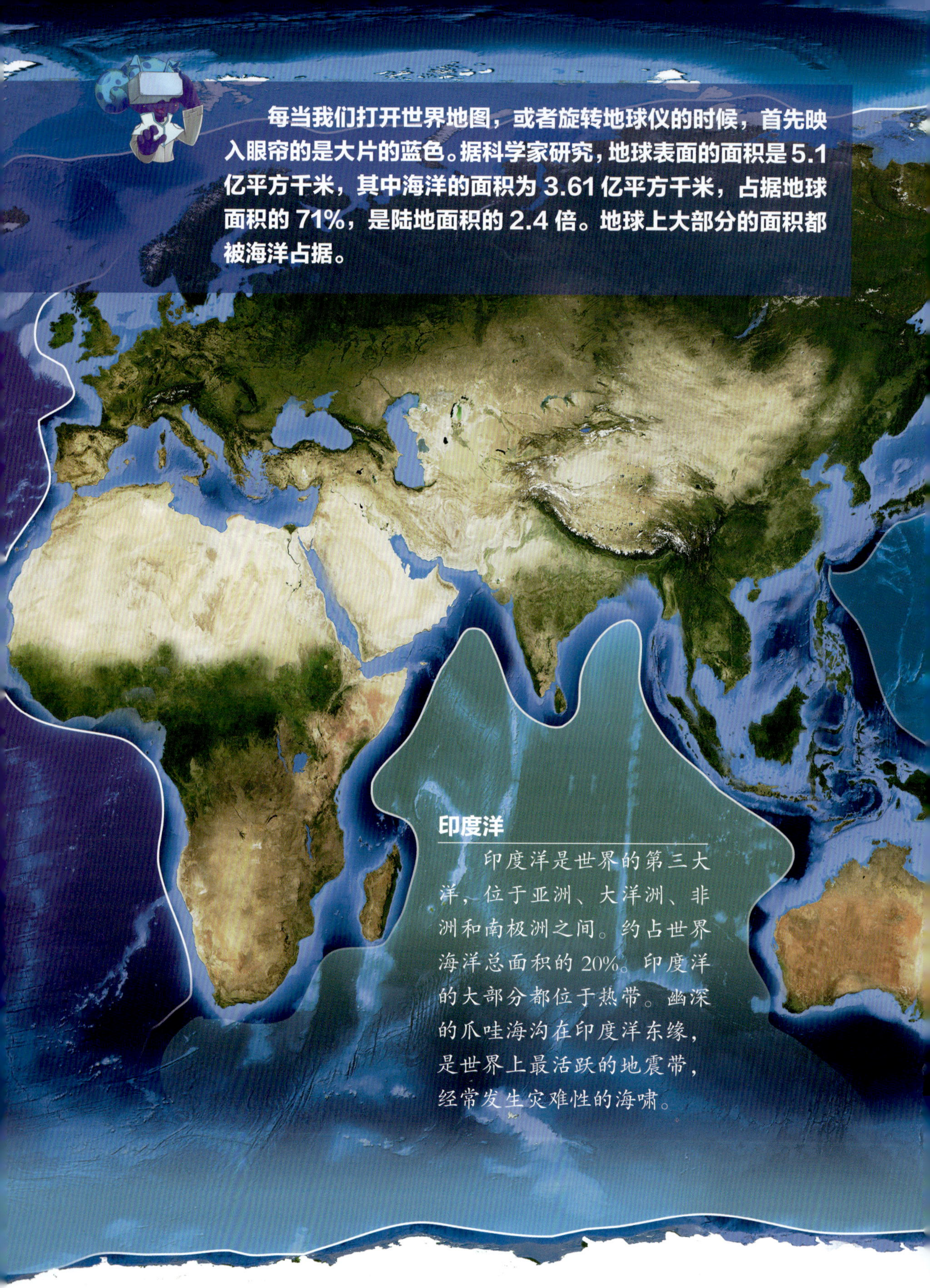

每当我们打开世界地图，或者旋转地球仪的时候，首先映入眼帘的是大片的蓝色。据科学家研究，地球表面的面积是5.1亿平方千米，其中海洋的面积为3.61亿平方千米，占据地球面积的71%，是陆地面积的2.4倍。地球上大部分的面积都被海洋占据。

印度洋

印度洋是世界的第三大洋，位于亚洲、大洋洲、非洲和南极洲之间。约占世界海洋总面积的20%。印度洋的大部分都位于热带。幽深的爪哇海沟在印度洋东缘，是世界上最活跃的地震带，经常发生灾难性的海啸。

北冰洋

北冰洋是世界最小的大洋，北美洲、欧洲和亚洲环绕在它四周。在北冰洋中，靠近北极的海域常年处于冰冻状态，冬天覆盖在这一海域上的冰是其他季节的两倍多。

太平洋

太平洋是世界上最大、最深的大洋，最宽的地方几乎横跨半个地球。太平洋非常辽阔，面积1.56亿平方千米，平均深度3 970米，最深处马里亚纳海沟深10 924米。过去的太平洋比现在更宽，但是随着大西洋的不断扩张，太平洋的面积在逐渐缩小。太平洋中火山岛和海山星罗棋布。洋底海沟纵横交错，地球的最低点也在太平洋中。

大西洋

大西洋形成于1.8亿年前，最初它只是地壳中的一条裂缝，将广袤大陆分割开来。由于裂缝不断扩大，新的岩石形成了宽阔的洋底，裂缝形成了大西洋中脊。如今的大西洋约占地球表面积的20%，平均深度3 627米，最深处波多黎各海沟深达9 219米。

透明度最高的海——马尾藻海

马尾藻海位于北大西洋中部的一个海域，因漂浮大量马尾藻而得名。马尾藻海最明显的特征是透明度高，是世界上公认的最清澈的海。海水碧青湛蓝，可见度深达66.5米，个别海区可达72米。1492年，哥伦布横渡大西洋时发现了这片海域，船队发现前方视野中出现大片生机勃勃的绿色，他们以为陆地近在眼前了，可是当船队驶近时，才发现“绿色”原来是水中茂盛的马尾藻。哥伦布在这里被围困了一个月，最后才在全体船员的努力下死里逃生。

最淡的海——波罗的海

波罗的海，世界上盐度最低的海，是地球上最大的半咸水水域。波罗的海的海岸复杂多样，海岸线十分曲折，南部和东南部是以低地、沙质为主的海岸，北部以高陡的岩礁型海岸为主。海底沉积物主要有沙、黏土和冰川软泥。波罗的海中岛屿林立，港湾众多，散布着奇形怪状的小岛和暗礁。自然资源丰富多样，造就了波罗的海的独特美景，吸引全世界的游客前往。

地中海最美的港湾——摩纳哥

摩纳哥公国位于地中海海边峭壁上，面积仅有2.02平方千米，是世界上第二小的国家。这里不仅有阳光、沙滩、海水，还有每年的蒙特卡罗F1方程式赛车活动，吸引数万人涌进摩纳哥。

最咸的海——红海

红海位于非洲东北部与阿拉伯半岛之间。虽然称作红海，但它在大多数时候并不呈红色，只是偶尔会季节性地出现大片红色藻类。有的人说红海里有许多色泽鲜艳的贝壳，因而水色深红；有的人说红海近岸的浅海地带有大量黄红的珊瑚沙，使得海水变红；还有的人说红海是世界上温度最高的海，适宜生物繁衍，所以表层海水中大量繁殖着一种红色海藻，使得海水略呈红色，因而得名红海。

淹不死人的海——死海

死海位于约旦和巴勒斯坦之间，水面低于海平面398米，是世界陆地最低点，也是世界上盐度最高的天然水体之一。死海虽然是以海命名的，但并不是海，它只是一个咸水湖。死海是由于流入死海的水不断蒸发、矿物质大量沉积造成的。由于气候条件的影响，湖水含盐量极高，游泳者很容易浮起来。水中只有细菌，没有其他动植物，岸边也没有花草，所以人们称其为死海。

神秘的百慕大三角

百慕大三角地处北美佛罗里达半岛东南部，具体是指由百慕大群岛、美国的迈阿密和波多黎各的圣胡安三点连线形成的一个东大西洋三角地带，每边长约2 000千米。由于这片海域常有难以解释的超常现象发生，因而到了近现代，它已成为那些神秘的、不可理解的各种失踪事件的代名词。

百慕大海底沉船示意图

海洋生物——我们共同的朋友

海洋是地球生物最古老的栖息地，生命源于海洋。海洋动物种类繁多，各门类的形态结构和生理特点有很大差异。从微小的单细胞生物，到身长超过 30 米、体重超过 190 吨的鲸类。从海面到海底，从岸边到海沟，都有海洋生物的存在。海洋是地球生物最大的栖息地，生活着 20 多万种生物，海洋动物总质量共计 325 亿吨，是陆地动物总质量的 3.3 倍。

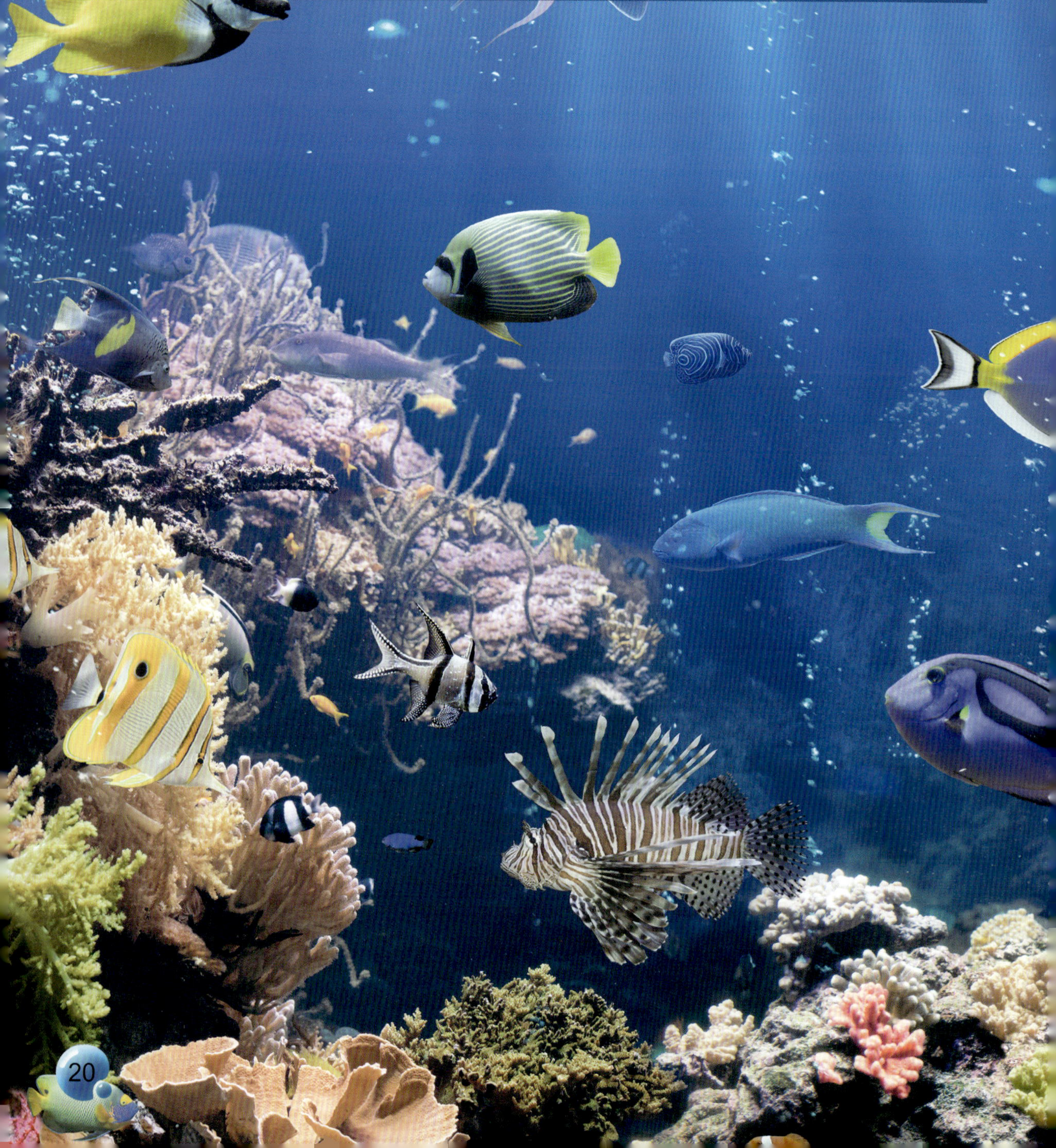

人类很早就对鲸有着详细的描写，中国西晋时期崔豹所著的《古今注》一书中曾提到“鲸，海鱼也，大者长千里，小者数十丈”“其雌曰鲵，大者亦长千里”。书中写道，鲸是鱼，十分巨大。但其实鲸并不是鱼，而是哺乳动物。据科学家称，鲸的祖先可能是北美、欧洲与亚洲的陆栖有蹄类动物，常在浅水区中捕鱼，后来逐渐演变为水陆两栖，又在漫长的进化中变成了各种鲸与海豚。

须鲸与齿鲸

从外观上分析，须鲸类基本上都属于大型鲸，一般须鲸类体长为 15 ~ 20 米，体重 25 吨左右，身体细长，背部呈黑色、腹部为白色。它们最大的特点就是从下颌到肚脐间有许多沟状的皮肤褶皱，这些褶皱被称作“喉腹褶”，主要功能是辅助鲸进食。虽然须鲸类体形巨大，但是各种须鲸的食性截然不同，例如身材巨大的蓝鲸以磷虾为食物，布氏鲸则以小型鱼类为食。它们进食时只需要张开大口一次吞下大量的海水，接着闭上嘴巴，将水排出，之后海水中的食物就留在了鲸的口中。

齿鲸，顾名思义就是有牙齿的鲸类。它们牙齿为圆锥状，数量不等，最少的是独齿，最多的可达几十颗牙齿。齿鲸类形体变化大，从大型的抹香鲸到中型的虎鲸，从海生的宽吻海豚到生活在淡水中的著名珍稀动物中华白鳍豚，都属于齿鲸。在进化上，齿鲸后肢已经完全消失，比须鲸类更为进步。

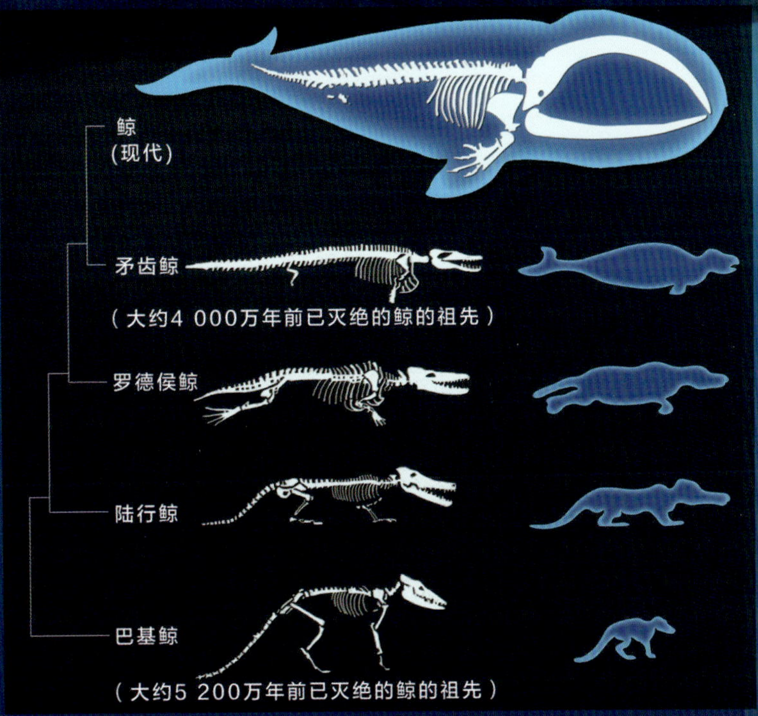

鲸进化示意图

鲸的进化

从鲸由陆地生存转入水中生存开始，鲸的身体结构发生了巨大变化。因为动物在陆地生活受到的阻力小，海洋中的阻力大，所以鲸为了适应在海洋中生存，克服在水中受到的阻力，在进化中，它们的身体逐渐演变成了流线型。

蓝鲸是鲸类中最大、最重的一种，它不但是最大的鲸类，也是迄今为止最大的哺乳动物。它被认为是地球上出现过的体形最大的动物，甚至超过了已经灭绝的恐龙。一头蓝鲸的身长为 20~30 米，体重为 150~180 吨，是一头成年大象的 30 倍。值得庆幸的是，由于海洋的浮力，蓝鲸不需要像陆生动物那样支撑着自己庞大的身体。灵活的尾巴既是蓝鲸的“发动机”，也是蓝鲸的“方向盘”，使蓝鲸在水中沉浮自如。

蓝鲸的食物

蓝鲸是世界上最大的哺乳动物，可它的主要食物来源是磷虾以及一些小型鱼。你知道吗？这头庞然大物，每天要吃掉 2~5 吨的食物。蓝鲸总是能找到密集的磷虾群，当捕食磷虾时，它们同时会吞下大量的海水。它们通过挤压舌头和腹腔，将海水通过鲸须板排出体外，之后它们就可以享用没有通过鲸须板的美味磷虾了。

蓝鲸的分布

蓝鲸分布广泛，它们主要生活在 5~20℃之间的温带和寒带水域。虽然曾有人看到蓝鲸成群活动，但是它们大多数时间都是孤独的。在 20 世纪初，几乎在世界每一处海域中都会有蓝鲸的影子，那时候蓝鲸的数量还是很多的。如今，捕鲸者为了利益疯狂捕杀蓝鲸，导致蓝鲸已经成为濒危物种。

目　科	鲸目鰛鲸科
别　名	剃刀鲸
寿　命	约 80 年
游　速	20 千米 / 时
食　物	浮游生物，主食磷虾
分布范围	世界性分布
体形特征	体长 20~30 米，体重 150~180 吨

虎鲸是海洋中一种大型的掠食性动物，别称逆戟鲸、杀人鲸，属于海豚科。虽然被称为杀人鲸，但是据科学家的研究，没有野生虎鲸伤人的记录。甚至有些时候，人类落水了，虎鲸还会把人驮到背上送上岸。可是，企鹅、海豹，甚至鲨鱼，都在它的食谱之中。它们在海洋中没有天敌，处于食物链的顶端。

海中猎人

虎鲸的捕猎技巧是动物中最复杂的，也是最具协调性与合作性的，它们合作捕猎的复杂性超过人类想象。当它们向鱼群发起攻击时，七八只虎鲸就会围绕鱼群做复杂的“螺旋游动”，越游越快，最后鱼群被挤压成一个球形，然后虎鲸们轮流吃个饱。如果吃不完，虎鲸还会将猎物藏起来，以备不时之需。人类曾在南极发现过虎鲸将企鹅存在冰山冰缝中。

你知道吗？

虎鲸是喜欢群居的动物，它们以家庭为单位，既有 2 ~ 3 只的小群，也有 40 ~ 50 只的大群。虎鲸可以发出 62 种声音，这些声音具有不同的含义。最令人着迷的一点是，它们不但喜欢“说话”，还喜欢喋喋不休地“讨论”。科学家认为，虎鲸的语言系统远远比人类复杂，因为它们没有文字，但是必须把复杂的狩猎技巧教给下一代，所以语言对于虎鲸来说是非常重要的。

鲨鱼是一种古老的鱼类，它们生存在地球上至今已超过 5 亿年，比已经灭绝的恐龙出现得还早。鲨鱼进化到现在，已经有 440 个不同的种类。灵敏的嗅觉以及特殊的感应能力，让它们在水域食物链中，成为高级猎食者，有些种类甚至是顶级的掠食者。

鲨鱼的鼻子

鲨鱼最敏锐的器官是鼻子，它们能闻出数千米外血液的味道，并追踪出来源。它们还具有第六感——感电力，鲨鱼头部有个能探测到电流的特殊细胞网状系统，被称为电感受器，鲨鱼能借助这种能力察觉物体四周数米的微弱电场，通常，鲨鱼就利用电感受器来捕食猎物。

鳃裂

鲨鱼虽然是用鳃呼吸，但是又不同于其他的鱼类，不能像其他硬骨鱼的鳃盖那样能直接溶解水中的氧气再吸收到血液中。鲨鱼在游动时海水通过半开的口吸入，从鳃裂流出进行气体交换。所以大部分的鲨鱼几乎都处在一直游动的状态。

鲨鱼骨骼示意图

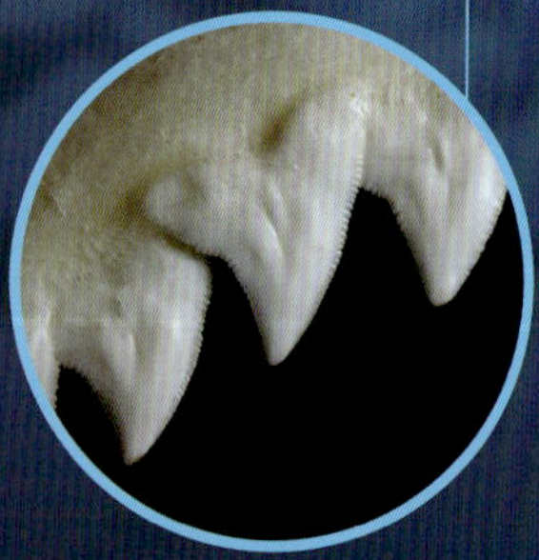

鲨鱼的牙齿

你知道吗？鲨鱼的牙齿在一生中会不断地被更新替换，有些鲨鱼在一生中甚至会替换掉 3 万颗以上的牙齿，它们的牙齿呈锯齿状，不但能紧紧咬住猎物，牙齿上的锯齿也能有效地将猎物锯碎。就是因为在海洋中不断进食与不断地撕咬，鲨鱼前排的牙齿会经常脱落，替换用的牙齿原本长在上下颚内的沟槽中，其像输送带一样慢慢地往前移动替补。

鲨鱼鳍与尾巴

鲨鱼的躯干部有背鳍、臀鳍和尾鳍各一，胸鳍和腹鳍各一对。鲨鱼的鳍各有各的功用：胸鳍控制方向，背鳍保持平衡，尾鳍提供前进的力量。有些底栖性鲨鱼背鳍上具有硬棘，可供自卫，有些甚至会制造毒素。

鲨鱼的尾鳍有提供前进动力及改变方向的功能，在捕猎的时候尤为重要，为了能在海中追逐猎物，鲨鱼的尾鳍可提供短距离的冲刺动力。别看鲨鱼平时在海中游速缓慢，但在偷袭时具有爆发性的速度。

鲨鱼的骨骼

鲨鱼身体为流线型，以减少水中运动时的阻力。而且它们的皮肤内具有大量黏液腺，可以让体表变得黏滑，既可减少游动阻力，又可使身体免遭病菌和寄生物的侵袭。除此之外，鲨鱼表面还覆满盾鳞，除了保护它们免于受伤或者被寄生外，还可以增进它们的流体动力，让它们游得更快速。

大白鲨，又称食人鲨，是最大的食肉鱼类，可潜入海底1 200米深的地方。尾巴呈新月形，牙大且有锯齿缘，呈三角形，牙长10厘米，身体呈灰白色。在所有的鲨鱼中，大白鲨是唯一可以把头部直立于水面之上的鲨鱼，这赋予它们在水面之上寻找潜在猎物的优势。大白鲨出没于热带、亚热带和温带的海区，比如，南非干斯拜的海岸。

大白鲨的感官

多数的大白鲨稍微有点远视，它们的焦距从大概23厘米到数十米，所以距离大白鲨很近时，它可能看不清你。同时，大白鲨眼睛上方有保护膜，眼球反转的时候会呈现翻白眼的状态。虽然视力不佳，但是大白鲨的嗅觉极度灵敏，可以嗅到1 000米外浓度被稀释了500倍的血液。

大白鲨的食物

在大白鲨的食谱中，首选的猎物是金枪鱼，其次就是海豚、海龟等大型海洋生物。高能量多脂肪的海豹、海象、海狮等鳍足类动物也是大白鲨的盘中餐。大白鲨捕食的范围会和自己的体形密切相关，根据它们体形的大小和捕食技巧，食谱也会变得丰富多样。

目　科	鼠鲨目鲭鲨科
别　名	食人鲨、白死鲨、白鲛、食人鲛
寿　命	平均70年左右
游　速	40千米/时
食　物	鱼类、海龟、海鸟
分布范围	大洋热带及温带区
体形特征	身长可达6.5米，体重3 200千克

人类对大白鲨的威胁

人类对鱼翅的热爱，造成对大白鲨的大量捕捞。大白鲨通常被砍取鱼鳍，在残体仍然活着的时候被抛回大海，而失去鱼鳍的大白鲨都会死亡。单是美国和墨西哥，在 1944 年捕捞的鲨鱼就达 10 万吨之多，以满足人类对鱼翅羹需求的巨大增长，它们被视为世界两个顶级的捕鲨国。而鱼鳍的重量仅为整个鲨鱼体的 1% ~ 5%，其余的 95% ~ 99% 都被丢弃。

大白鲨的现状

由于鲨鱼的生育速度缓慢，种群数量一直无法恢复，从而导致了世界范围内鲨鱼种群数量的急剧下降。根据研究人员的推算，全球大白鲨的数量不足 3 000 条，这比野生老虎的数量还要少。

章鱼，一种海洋软体动物，长着八只爪和一个椭圆形的头部，平常多栖息于海底岩石的洞穴或缝隙中，喜欢隐藏起来。章鱼的腕足没有骨骼，灵活性非常高，可以任意弯曲，完成很多匪夷所思的动作，而且章鱼也能使用工具。生物学家曾经观察到，章鱼从沙滩上把两片椰子壳拖到海底，爬到里面去，然后把椰子壳合上，藏身其中，等待捕食。由此可见章鱼是一种高智商的动物。

变色的章鱼

章鱼的奇妙之处在于，它可以根据外界环境的变化而变化出不同的颜色，还能够用不同的颜色来表示自己的心情。当章鱼有恐惧、激动、欢乐和喜悦等情绪变化的时候，身体颜色也会随之变化。

独特的武器——喷墨

章鱼可以喷墨，通常作为自己的防卫手段。所有的章鱼都是肉食者，大型的章鱼甚至可以捕食龙虾或小鲨鱼。章鱼在海洋中的天敌不多，每当碰到难以对付的敌人时，它就会喷出墨汁逃走，可连续六次往外喷射墨汁，而且还能够像变色龙一样，改变自身的颜色和构造，作为伪装。

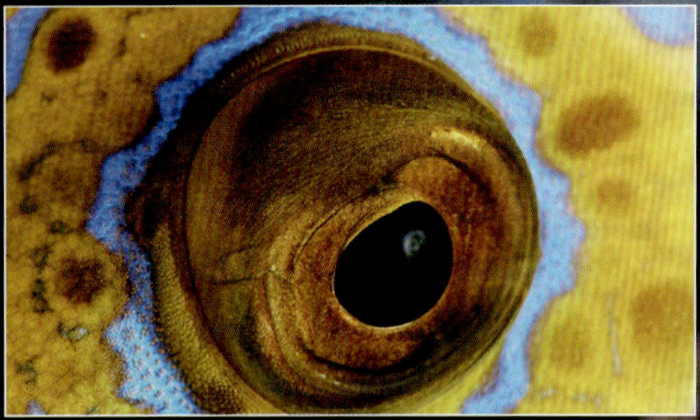

章鱼的眼睛

通过基因解码，科学家发现章鱼拥有一套和人类相似的基因，能够建立神经网络，具有学习能力。同时，章鱼还有一双具备虹膜、视网膜和水晶体的眼睛。

你知道吗?

章鱼除了能改变体色和皮肤纹理来欺骗掠食者外，还有一种本领叫拟态——这是一种能模拟其他动物形态的本领。它们能改变形状、运动和行为方式，模仿至少 15 种不同的生物。

目　科	八腕目章鱼科
别　名	八爪鱼、石居、死牛
寿　命	3~5 年
嗜　好	栖身于空心的器皿之中
食　物	瓣鳃类、甲壳类，有些种类食浮游生物
分布范围	广泛分布于世界各地热带及温带海域
体形特征	体呈短卵圆形，大小相差极大

蝠鲼，英文名称“manta”，源于西班牙语，意为毯子，因为它游动起来的时候就像海洋中的一张飞毯，又因它在海中优雅飘逸的游姿与夜空中飞行的蝙蝠相仿，故得此名。它又被称为魔鬼鱼与毯魟，蝠鲼体形呈菱形，头侧有一对由胸鳍分化的头鳍，向前突出，身后有一条细长的尾巴。平时蝠鲼生活在海洋底部，有时也会上升到海面，由于它们体形非常像蝙蝠，在游动时扇动三角形胸鳍，拖着一条硬而细的尾巴在海里“飞翔”，所以被人们称为“水中魔鬼”。第一次见到蝠鲼的人总会因它“异形”般的外表而不知所措，很难令人将其与正统的鱼类联想到一起。其实，这种古老的鱼类早在中生代侏罗纪时便出现在海洋中了。

跳跃的蝠鲼

蝠鲼最具特色的一个习性就是它可以跃出海面。科学家观察发现，蝠鲼在跃出海面前需要做一系列准备工作：在海中以旋转式的游姿上升，接近海面的时候，转速和游速不断加快，直至跃出水面，时而还会伴以漂亮的空翻。落水时发出“砰”的一声巨响，场面优美壮观。

目　　科	燕魟目鲼科
别　　名	毯魟、魔鬼鱼
寿　　命	平均 20 年左右
时　　期	中生代侏罗纪至今
食　　物	浮游甲壳类、小鱼
分布范围	暖温带及热带沿大陆及岛屿海区
体形特征	身长 6 米左右，体重约 3 000 千克

世界上海洋的平均深度为 4 000 米，光照随着深度增加而不断减弱，深海就成了一种神秘的存在。从波光粼粼的海面到常年黑暗的深海区，光照的减弱不仅影响了能见度、颜色和温度，还影响了食物的供应。

距离海面 200 米以内，有充足的阳光，海水被照亮，滋养了那些依靠阳光生存的浮游生物。浮游生物是海洋生物的主要食物来源，因此大部分海洋生物都生活在这一区域。

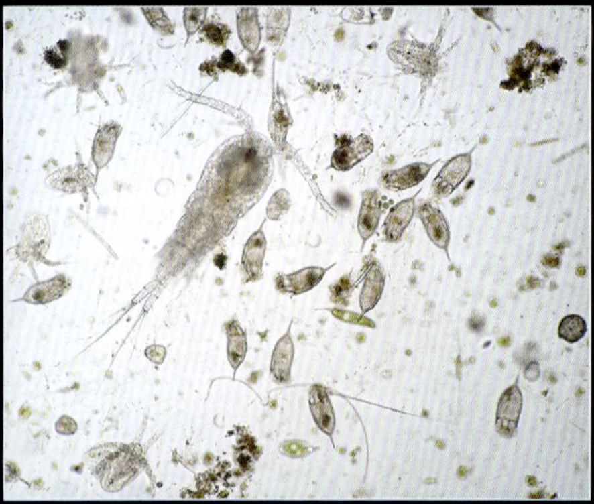

浮游生物

海藻等浮游植物不仅需要光来维持生长，而且还需要矿物质营养来形成活组织，这些活组织为其他海洋生物的生长提供了基本的食物。在沿岸浅海海域，河流流经陆地汇入海洋，带来了丰富的矿物质营养。阳光照射加上大量的营养物质，浮游植物在此迅速繁殖。它们如此密集，以至于水面呈现出云状的绿色。海域看起来像是被污染了，其实是水中充满了微生物所导致的。

200 米以下的海洋光照不足，那些依赖阳光获取能量的生物无法在此生存，致使在这里生活的生物相比透光层要少得多。

化学光源

很多生活在弱光层的动物身上布满了可以发光的器官，这些动物包括枪乌贼、鱼类、水母。这些动物发出的光称为生物荧光，产生于化学反应中，在该反应中能量可以通过光的形式释放出来。

4 000米以下的深海，没有任何光。一般而言，海洋的深度是无光层的4倍，而且通常会更深，可以说世界上大部分海水处于黑暗中。

致命吸引

那些白天生活在弱光层的小动物会沦为其他动物的猎物。这里的很多动物长相都非常奇特，弱光层是它们的狩猎场。在海洋表面1 000米以下的地方，弱光层微弱的蓝色光芒逐渐消失了。可以发光的动物是此处唯一的光源，它们体内有可以发光的器官，可以吸引其他海洋生物“自投罗网”。

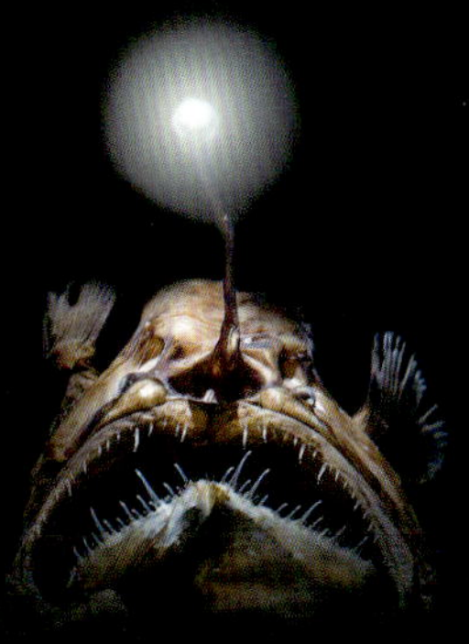

奇异瑰丽的海洋植物

海洋植物有两大类：浮游植物和底栖植物。海洋植物是自然界所有植物的祖先，它们是由单细胞藻类逐步进化而成的。无论是人们爱吃的海带、裙带菜和紫菜，还是用作工业原料的硅藻，都显示了海洋植物巨大的经济价值。

上浮

海藻需要光照，因此必须生长在海洋表层。有些海藻在海洋中漂浮，但是大部分海藻都依附在下浅海海床的岩石上。很多海藻长有可以充气的浮囊，这样就可以漂浮起来，尽可能地贴近海面，吸收光能。

地球上最大规模的迁徙，上下游动

很多海洋生物白天生活在弱光层，它们晚上向上游到海洋表层捕食海藻和其他浮游生物。当黎明来临时，它们又会下沉，回到弱光层，通过这种方式躲避其他动物的捕猎。这种上下运动是一种长途旅行，每次需要3个多小时，这种动物运动每天都会发生，周而复始，因此人们认为这是地球上最大规模的迁徙。

你知道吗？

幽深的海底常年一片漆黑，刺骨寒冷。海底平原被柔软的泥沙覆盖着，很多泥沙由浮游生物的尸体分解而成。很多动物擅长收集并吞食浮游生物的尸体，海底为它们提供了生长所需的食物。

大堡礁位于南半球的澳大利亚东北部昆士州对岸，是世界上最大最长的珊瑚礁群。它北起托雷斯海峡，南到南回归线以南，绵延 2 011 千米，纵贯大洋洲的东北沿海，最宽处达 161 千米。在落潮时，部分珊瑚礁露出水面形成珊瑚岛。

这里景色迷人、险峻莫测，水流异常复杂，生物种类多达百万种。大堡礁由 400 多种绚丽多彩的珊瑚组成，无数海洋生物栖居其中，具备得天独厚的科学研究条件。这里还有很多濒临灭绝的物种，如儒艮和巨型绿龟等。

珊瑚属于刺胞动物门，是海洋中的一种腔肠动物，以海洋里细小的浮游生物为食，在生长过程中能吸收海水中的钙和二氧化碳，然后分泌出石灰石，变为自己生存的外壳，且不同种类的珊瑚有不同的形态特性。珊瑚经常会被人误认为是植物。因为在晶莹、温暖的浅海里，珊瑚展现出了多姿多彩的形态。它们根植于海底，随波浪轻轻摇动，像极了陆地上的花朵。珊瑚是平衡海洋生态的功臣。由珊瑚组成的珊瑚礁是众多海洋生物的栖息地，估计全球有四分之一的海洋鱼类安居其中。珊瑚礁生态系统属于世界上生物多样性最突出的海洋生态系统。

珊瑚虫

珊瑚礁主体是由珊瑚虫组成的。珊瑚虫具有附着性，许多珊瑚礁的底部常常会附着大量的珊瑚虫。每一个珊瑚虫都有一个中空而底部密封的柱形身体，肠腔与四周的珊瑚虫连接，口部位于身体中央，四周长满触手。每一个单体的珊瑚虫只有米粒大小，它们一群一群地聚集在一起，一代一代地新陈代谢，生长繁衍，同时不断分泌出石灰石，并黏合在一起。这些石灰石经过挤压、石化，形成岛屿和礁石，也就是所谓的珊瑚礁。

珊瑚对生态环境的要求非常高，需要干净的水质和适宜的温度。哪里海水清洁，含氧量高，哪里的珊瑚生长就会茂盛。反之，若海水被污染变得浑浊无法透进充足的阳光时，珊瑚就会因得不到充分的养分而大量死亡。

南　极——世界上最冷的陆地

南极大陆被一个巨大的冰盖所覆盖，平均海拔为 2350 米，是世界上最高的大陆。南极腹地几乎是一片不毛之地，那里仅有的生物就是一些简单的植物和昆虫。但是，南极的海洋里却充满了生机，有海藻、珊瑚和海星，还有许许多多叫作磷虾的微小生物，磷虾为南极洲众多的鱼类、海鸟、海豹、企鹅以及鲸提供了丰富的食物来源。同时，南极还是个巨大的天然“冷库”，是世界上淡水的重要储藏地，拥有地球 70% 左右的淡水资源。南极酷寒、多强风且干燥，年平均气温为 −25℃，内陆高原平均气温为 −52℃左右，极端最低气温曾达 −89.2℃，是世界上最冷的陆地。

海豹

鳍足类动物中，海豹的分布是极为广泛的，从北极到南极，从湖泊到海洋，它们的身影无处不在。其中，南极的海豹数量是最多的。它们的身体呈流线型，四肢为鳍状，适于游泳，厚厚的脂肪在它们的皮下为其保暖，能储备能量，并在游泳时提供浮力。

企鹅

全世界的企鹅共有18种，大多数分布在南半球。它们行走呈直立姿势，憨态可掬。企鹅常年在极地生活，翅膀已经退化不能飞行，但在水里，企鹅短小的翅膀能强有力地“划桨”，游速可达25~30千米/时。

北　　极——地球上的白色海洋

北极是冰雪世界，但由于洋流的运动，表面的海冰总在不停地漂移、融化，因而不可能像南极那样，经历数百万年而积累起数千米厚的冰雪。北极有丰富的鱼类和浮游生物，为夏季在这里筑巢的海鸟提供食物来源；北极的夏天积雪融化，表层土解冻，植物生长开花，为驯鹿和麝牛等动物提供了食物；同时，狼和北极熊等肉食动物也依靠捕食其他动物得以存活。

北极狐

北极狐能在 −50℃的冰原上生活。它们喜欢在丘陵地带筑巢，并且每个巢都有几个出入口。北极狐年年都为它的巢穴进行一些维修和扩展，以便能长期居住。夏天，当食物丰富时，北极狐会把部分食物储存在它的巢穴中。冬天，当巢穴中所储存的食物被消耗殆尽时，北极狐会跟踪北极熊，拣食北极熊的残羹剩饭。

北极熊

北极熊是世界上最大的熊。它们有着厚重的皮毛，皮肤下面还有厚厚的脂肪层。北极熊是肉食动物，在冬天形成的浮冰上捕猎。虽然北极熊是游泳高手，但是它们不能在水中捕食。夏天，海上的浮冰融化，北极熊只能待在陆地上，等到海洋再次封冻才开始捕食。

你知道吗？

因纽特人，生活在北极地区，旧称爱斯基摩人，属蒙古人种北极类型，过去是靠在海上捕鱼和在雪地里打猎为生的。在过去几千年里，他们生活得自由自在，并没有外人来打扰，然而与外界几乎隔绝也导致其社会发展变化极其缓慢：没有货币，没有商品，没有文字，甚至连金属也极少见，是一种全封闭式的自给自足。如今的因纽特人大多生活在美国的阿拉斯加州地区，有 6.8 万人，生活与祖辈相比已完全不同。

海洋——人类的宝贵财富

海洋是人类的宝贵财富，拥有丰富的生物和矿产资源。过度捕捞、塑料垃圾抛弃、未经处理的污水排入海洋、石油泄漏等人类的活动破坏了海洋生态环境，一些海洋生物因此而灭绝。在世界上某些地方，大片海床已经成了有毒的水下“沙漠”。

人类对海洋的危害

让我们假想一下，如果未来有一天上升的水位将世界淹没在汪洋之中，那么人类将何去何从？这并非危言耸听。2015 年，一头鲸被海水冲上苏格兰斯凯岛，搁浅至亡。当研究人员解剖其尸体试图探寻其死因时，竟惊人地发现它的胃里装满了重达 4 千克的塑料垃圾。人类的过度捕捞已经让鱼类族群遭到了破坏，人类的塑料垃圾也让很多海洋生物处于岌岌可危的境地。海岸开发与石油泄漏更是让人痛心，海岸开发产生的废水与垃圾，让附近的海草与珊瑚窒息。海洋生态也在影响着陆地，当海洋不复存在，人类也将面临灭亡。

海洋保护

近年来，一些沿海国家相继建立海洋保护区，建立安全海域；人们也在倡导更安全的捕鱼方式，经过特殊处理的渔网可以将幼苗放过，人类在积极建立海洋牧场，促使海洋可持续发展；对于工业排放与石油污染，很多国家也制定了相关法律，确保正确处理污水与排放；为了减少海洋垃圾，一些公益组织与爱心人士正在身体力行。保护海洋，每个人都可以参与其中，比如不在海边乱扔垃圾、只购买大量供应的鱼类、少燃烧一些会导致全球变暖的化石燃料，身为地球的主人，我们可以用行动让海洋继续蔚蓝下去。